BEI GRIN MACHT SICH IHR WISSEN BEZAHLT

- Wir veröffentlichen Ihre Hausarbeit, Bachelor- und Masterarbeit

- Ihr eigenes eBook und Buch - weltweit in allen wichtigen Shops

- Verdienen Sie an jedem Verkauf

Jetzt bei www.GRIN.com hochladen und kostenlos publizieren

Matthias Jüttner

Fluviale Prozesse und Formen

Einführung in die allgemeine physische Geographie

GRIN Verlag

Bibliografische Information der Deutschen Nationalbibliothek:

Die Deutsche Bibliothek verzeichnet diese Publikation in der Deutschen National-
bibliografie; detaillierte bibliografische Daten sind im Internet über http://dnb.d-
nb.de/ abrufbar.

Impressum:

Copyright © 2003 GRIN Verlag, Open Publishing GmbH
Druck und Bindung: Books on Demand GmbH, Norderstedt Germany
ISBN: 978-3-640-84453-1

Dieses Buch bei GRIN:

http://www.grin.com/de/e-book/167741/fluviale-prozesse-und-formen

Augsburg, 02.11.03

„Fluviale Prozesse und Formen"

Proseminar: „Einführung in die allgemeine physische Geographie"

Termin des Vortrags: 09. Dezember 2003

Verfasser: Matthias Jüttner

I. Einleitung: Begriffserklärung von fluvial, Erosion und Denudation

Der Begriff „fluvial" leitet sich von dem lateinischen Wort „fluvius" ab, welches sich mit „Fluß" ins Deutsche übersetzten lässt. Daraus könnte man schließen dass sich fluviale Prozesse auf die Oberflächengestaltung durch Flüsse beschränkt, was aber nicht 100%ig korrekt ist. Die flächenhafte Abtragung, im deutschen „Denudation" genannt, kann auch Bestandteil der fluvialen Abtragung sein. Da aber eine Vorraussetzung für Denudation die Bewegung von Material in Richtung der Erdanziehungskraft ist, lässt sich diese Abtragungsform besser unter gravitative Massenbewegung einordnen.
Die fluviale Erosion, also die lineare Abtragung durch Wasser, ist ein großer Bestandteil der Oberflächenformung, weil nahezu alle Erdteile davon betroffen sind. Abgesehen von den vollariden Gegenden kann man überall Reliefbildung durch fließendes Wasser beobachten, egal welche Vegetation oder geologische Faktoren gegeben sind. Welche Prozesse wichtig für die fluviale Formung sind, und unter welchen Umständen sich welche Formen bilden wird auf den nächsten Seiten veranschaulicht.

II. Fluviale Prozesse und Formen

1. Grundlagen der Hydrologie

a. Abfluss und Abflussgang

Flüsse werden durch Niederschlag oder durch abschmelzenden Schnee mit Wasser gespeist. Die Menge des Wassers das in einem bestimmten Gebiet und in einem bestimmten Zeitraum bei diesen Ereignissen dem Fluss zufließt wird als **Abfluss** bezeichnet. Der Zeitraum der Messung beträgt meist ein hydrologisches Jahr, von November bis Oktober. Der Betrag des Niederschlags der Teil des Abflusses wird, kann durch Verdunstung schon im Vorfeld beeinflusst werden. Dieses Wasser kann auf verschiedenen Wegen in den Fluss gelangen. Wenn der Boden trocken und gut durchlässig ist infiltriert, also sickert das Wasser bis zum **Grundwasser**, und fließt als **Basisabfluss** in Richtung der Erdanziehung. Wenn sich in den Erdschichten eine weniger durchlässige Schicht, z.B. Ton, befindet, oder wenn das Grundwasser durch viel Niederschlag stark angestiegen ist kann es zum sog. **Hangwasserabfluss**, oder **Interflow**, kommen. Dabei fließt das Wasser im Hang ebenfalls in gravitativer Richtung in den Fluss. Das Wasser, welches ohne zu infiltrieren direkt in den Fluss fließt, nennt man **Oberflächenabfluss** oder auch **Direktabfluss**. Ist ein Boden zu nass um noch mehr Wasser aufnehmen zu können ist seine Infiltrationsrate (in mm/min) niedriger als die Niederschlagsrate (in mm/min). In diesem Fall kann das Wasser nur noch an der Oberfläche abfließen. Dieser Abfluss wird **Sättigungsabfluss** genannt, weil er dadurch entsteht dass der Boden gesättigt mit Wasser ist. Der sog. **Horton'sche Abfluss** ist das Ergebnis physikalischer Gegebenheiten, wie undurchlässiger Untergrund oder Verschlämmung.
Um nun feststellen zu können wie sich in welchen Gegenden der Abfluss bei Niederschlags- oder Schmelzereignissen verhält bedient man sich der **Abflussganglinie** eines bestimmten Einzugsgebiets. (vgl. Abb. 1.1) Diese Linie zeigt an wie stark der Abfluss in diesem Raum während einer bestimmten Zeit, z.B. einem Jahr, ist. Dabei kommt es zu einem steilen Anstieg zu der Zeit des Niederschlagsereignisses, der **Hochwasseranstieg** genannt wird. Hat die Wirkung des Niederschlags nachgelassen geht die Ganglinie über den

Hochwasserscheitel in den **Hochwasserabfall** über. Dieser ist im Gegensatz zum Anstieg stark abgeflacht da der Interflow und das Grundwasser über längeren Zeitraum abfließen als der Direktabfluss. Ganglinien benachbarter Gebiete können große Unterschiede Aufweisen da die Ganglinie von einigen Faktoren bestimmt wird die sich auch in benachbarten Gebieten unterscheiden können. Relevante Größen sind Wasserdurchlässigkeit des Bodens, die Reliefeigenschaften (Hangneigung, Hanglänge, etc.), die Vegetation und die Landnutzung durch den Menschen.

Der Abfluss wird auch als Wasservolumen das pro Zeiteinheit einen bestimmten **Fließquerschnitt** durchflossen hat definiert. Diese Definition eignet sich besonders für Flüsse da diese in ihrem Bett eingeengt sind. Für den Abfluss eines Flusses ist es von großer Bedeutung wie schnell das Wasser des Flusses fließt.

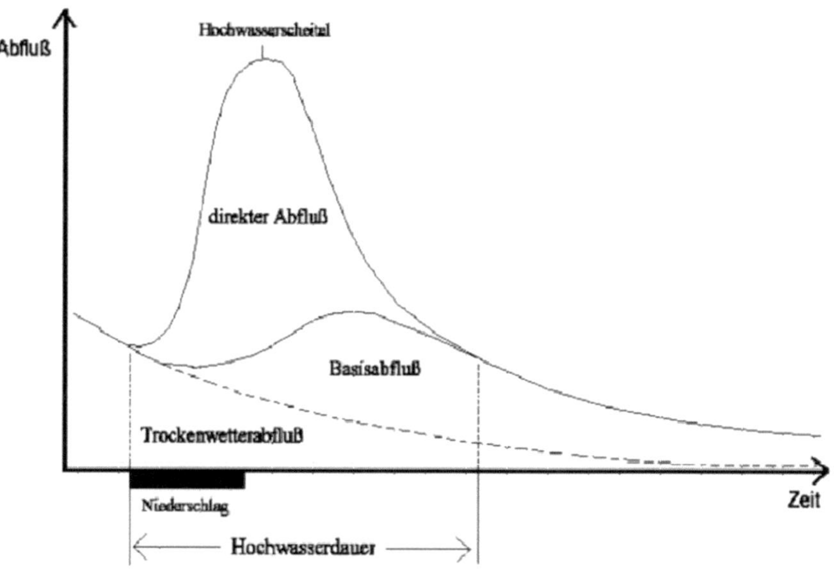

(Abb. 1.1 – Abflussganglinie bei Trockenheit und bei Hochwasser – http://www.wasser-wissen.de/abwasserlexikon/a/abflussganglinie.htm)

    b. <u>Fließgeschwindigkeit</u>

Die Geschwindigkeit eines Flusses ist stets in der Mitte am größten. Am Rand wird durch die Reibung an den Seiten des Flussbetts das Wasser stark abgebremst und die Geschwindigkeit geht gegen 0. Ebenso verhält es sich an der Sohle des Flusses. Die **Fließgeschwindigkeit** ist also in der Mitte und an der Oberfläche des Flusses maximal. Da direkt an der Oberfläche oft Faktoren wie Wind das Fließen stören ist der Fluss in der Realität knapp unterhalb der Wasseroberfläche am schnellsten. Die Zone der maximalen Fließgeschwindigkeit wird als **Stromstrich** bezeichnet, da sie als Linie an der Wasseroberfläche zu erkennen ist.

Die Größen Fließgeschwindigkeit und Fließquerschnitt (Gewässertiefe * Gewässerbreite) stehen zur Berechnung des Abflusses in direktem Zusammenhang. Ändert sich bei konstantem Abfluss eine der Größen muss das durch die anderen kompensiert werden. Wird das Gewässer zum Beispiel breiter wird der Fluss seichter und langsamer, da die Reibung an einer größeren Wasserfläche angreifen kann. Bei einer Einengung verringert sich die Reibung da der Fluss tiefer wird. Es steigt also auch die Geschwindigkeit. Die Größe die man braucht um festzustellen wie viel Wasser mit der Gewässersohle in Kontakt ist, ist der **hydraulische Radius.** Er gibt an wie gut der Fließquerschnitt eines Gewässers ausgenutzt, also durchflossen wird.

c. <u>Fließzustände</u>

 Neben Wassermenge und der Geschwindigkeit des Wassers ist auch die Art und Weise wie das Wasser fließt ausschlaggebend für die erosive Wirkung eines Gewässers. Es wird zwischen **laminarem und turbulentem Fluss** unterschieden. Laminar (vom lat. Lamina = Blatt) wird der Fluss bezeichnet wenn die Wasserteilchen sich parallel in Fließrichtung bewegen ohne Verwirbelungen und Störungen der Oberfläche hervorzurufen. Dieser Fluss ist in Flüssen äußerst selten. Man kann ihn eher auf glatten Oberflächen wie Glasscheiben beobachten.
Der turbulente Fluss zeigt Wirbel, Schaumkronen bis hin zu stehenden Wellen. Die Wasserteilchen werden durch Hindernisse und Reibung wild durcheinander gewirbelt. (vgl. Abb. 1.2.)

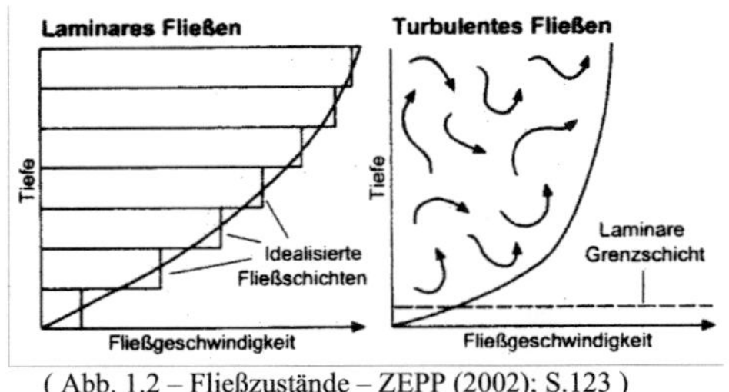

(Abb. 1.2 – Fließzustände – ZEPP (2002); S.123)

Es gibt drei Arten des turbulenten Fließens. Das **strömende Fließen** ist die langsamste Art des turbulenten Flusses. Das Wasser zeigt eine fast glatte Oberfläche auf der sich auch kleinere Wirbel ergeben, die dann in Fließrichtung des Flusses abtreiben. Beim **schießenden Fließen** kommt es zu Schaumbildung und **stehenden Wellen** an der Wasseroberfläche, z.B. wenn der Fluss durch große Geröllbrocken eingeengt wird. Stehende Wellen können beim schießenden Fluss aber auch ohne Hindernisse auftreten. Dabei ist die Geschwindigkeit des Flusses größer als die **Ausbreitungsgeschwindigkeit** der Wellen im Wasser. Die Ausbreitung ist ausschließlich von der Tiefe des Gewässers abhängig, wobei gilt je tiefer das Wasser desto höher die Ausbreitungsgeschwindigkeit der Welle. Die beiden Faktoren sind ausschlaggebend bei der Differenzierung zwischen strömendem und schießendem Fluss. Strömender und schießender Fluss können kurz nacheinander auftreten, je nachdem wie Zonen unterschiedlicher Wassertiefe und Fließgeschwindigkeit im Fluss verteilt sind.
Das **fallende Fließen** unterscheidet sich grundsätzlich von den anderen Fließzuständen. Das Wasser fließt nicht mehr auf dem Boden eines Flussbetts sondern befindet sich im freien Fall. Je nach Wassermenge und Fallhöhe passiert dies als ganze Wassermasse, in einzelnen Wasserstrahlen oder in Tropfen aufgelöst als feiner Nieselregen.

4

Der laminare Fluss hat im Gegensatz zum turbulenten Fluss kaum erosive Kraft. Bei
turbulenter Bewegung ist diese Kraft beim schießenden Fluss am stärksten, die Erosion am
Flussbett verbunden mit dem Transport des abgetragenen Materials ist in den Bereichen des
schießenden Flusses am wirkungsvollsten.

2. Erosion und Transport

a. Flusserosion

Die Erosion ist der erste Prozess der im Fluss ablaufen muss um eine Formgestaltung des
Flussbetts zu gewährleisten. Dabei wird durch das Wasser Material an Flussbettsohle und
Flussbettrand abgelöst um es für das Gewässer transportfähig zu machen. Es werden zwei
Arten der Erosion unterschieden.
Die **Tiefenerosion** hat ein Einschneiden des Flusses in den Untergrund zur Folge, da die
erosive Wirkung des Wassers hier unmittelbar an der Flussbettsohle angreift. Auf lockerem
Aufschüttungsgrund geschieht der Abtrag durch die Aufnahme des Lockermaterials durch den
Fluss, und anschließenden Abtransport. Auf felsigem Untergrund ist **Abrasion** (vom lat.
Abradere = abkratzen) nötig. Dabei wird der Felsgrund durch transportierte Steine gemäß der
deutschen Bedeutung des Wortes abgekratzt und auch Teile herausgeschlagen.
Die **Seitenerosion** dagegen wirkt weniger am Flussbett, sondern in erster Linie an der
Gewässerbegrenzung. Dabei wird v.a. der unter Wasser liegende Teil des Hangs abgetragen,
und der darüber liegende Teil unterschnitten. Das Ufer wird instabil und stürzt zu gegebener
Zeit in den Fluss. Faktoren welche die Instabilität des Hangs noch verstärken sind aus dem
Hang austretendes Wasser, also Grundwasser oder Interflow, und zu Frostzeiten das Gefrieren
und anschließende Auftauen des Bodens.
Die Vorraussetzung für die Erosion ist dass der Fluss nach dem Überwinden der Reibung an
Sohle und Rand noch genügend überschüssige Energie besitzt um Material ablösen und
transportieren zu können. Nach DU BOYS ist die **Scherspannung** am Flussbett, also die
Spannung die der Fluss an der Sohle aufbaut, das Produkt aus Wassergewicht, Tiefe und
Sohlgefälle. Diese Scherspannung muss mindestens so groß sein wie die **kritische
Scherspannung** des Flussbettmaterials. Diese Größe beschreibt wie leicht sich das Material
vom Boden abheben lässt. Wie groß der Wert der kritischen Scherspannung ist hängt von
Form und Lage, aber hauptsächlich vom Gewicht des Transportguts ab.
Ein Prozess der sehr stark an der Flusserosion beteiligt ist, ist das Anheben eines Steins durch
einen nach oben gerichteten Sog. Dieser entsteht wenn auf steinigem Untergrund eine
Steinspitze aus dem Boden ragt. Das Wasser welches um und vor allem über diesem Stein
fließt erhöht kurzzeitig seine Fließgeschwindigkeit und hebt den Stein leicht an. Die
Verwirbelungen die auf der Leeseite des Steins entstehen führen dann zum endgültigen
Herausheben.

b. Frachten des Flusses

Nach der Abtragung von Material durch das fließende Gewässer muss dieses auch vom Fluss
abtransportiert werden. Jegliches Material, egal ob durch den Fluss erodiert oder auf anderem
Wege in den Fluss gelangt, wird **Flussfracht** genannt. Man kann bei den Frachten drei Arten
unterscheiden. Die Unterscheidungsfaktoren sind Herkunft der Fracht, Verhalten im
Gewässer und der Anteil der Formengestaltung des Flussbetts.

Die **Lösungsfracht** (engl.: dissolved load) besteht aus im Wasser gelösten chemischen Stoffen die vor allem durch chemische Verwitterung im Hang gebildet werden. Der Interflow ist also der Hauptlieferant für dies Art von Fracht. Da die gelösten Teilchen Bestandteil des Wassers selbst sind, werden sie weiter transportiert solange das Wasser in Bewegung ist, also auch bei Fließgeschwindigkeiten die gegen 0 gehen. Die Lösungsfracht wird auch dann noch erodiert wenn alle anderen Abtragungs- und Transportvorgänge bereits nicht mehr möglich sind. Da keine Ablagerung im Bereich des Flusslaufs stattfindet hat die Lösungsfracht auch keinerlei Auswirkung auf die Formgestaltung des Flussbetts und der Umgebung.

Besteht die Fracht aus Feststoffen, die aber klein und leicht genug sind um von der Bewegung des Wassers ständig in der Schwebe gehalten zu werden, spricht man von der **Schwebfracht** oder **Suspensionsfracht** (engl.: suspended load). Die Vorraussetzungen für die Schwebfracht werden in erster Linie von besonders feinkörnigem Material erfüllt. Schluffe und Tone sind annähernd immer in Suspension, also werden auch bei sehr geringen Fließgeschwindigkeiten als Schwebfracht transportiert. Sie entsteht durch Aberodieren des Flussufers und durch Massenbewegung an der Hangoberfläche. Dass der zweite Prozess der wichtigere für das Zuführen von Schwebfracht ist, erkennt man an der starken Braunfärbung eines Flusses bei einem Hochwasserereignis, weil dann der Oberflächenabfluss den größten Teil der Wassermenge in den Fluss liefert. Landformung durch Schwebfracht passiert in erster Linie an der Flussmündung in Form von **Deltas** (siehe II. 3. e.), aber auch bei Überschwemmungen des Flussufers lagert sie sich ab und prägt damit den Raum um den Fluss.

Grosse Korngrössen können nicht ständig vom Wasser mitgeführt werden. Die **Geröllfracht** (engl.: bedload) wird nur an der Flussbettsohle rollend oder schiebend fortbewegt, da das Wasser nicht in der Lage ist die schweren Steine in einem schwebenden Zustand zu halten. Lediglich bei sehr starker Strömung kann es zu einem Anheben dieser Fracht kommen, doch geht diese Bewegung nicht über vereinzelte, kleine Sprünge hinaus. Im allgemeinen geht der Gerölltransport nur in Schüben, nämlich bei Hochwasserereignissen vonstatten. Sand ist Teil der Geröllfracht, nimmt aber eine Grenzstellung zwischen Geröll- und Schwebfracht ein, da er bei schnellem Fließen auch dauerhaft in Suspension transportiert werden kann. Das zu transportierende Material entsteht ebenfalls hauptsächlich durch Prozesse der physikalischen Verwitterung, also durch Bergstürze, Steinschläge oder Hangrutschungen. Der Flusstransport rundet die Steine anschließend ab. Die Geröllfracht hat großen Einfluss auf die Formbildung des Flussbetts, da durch die schnelle Ablagerung nach dem Transport der Wasserfluss des öfteren nachhaltig verändert wird, z.B. durch Schotterfelder oder große Hindernisse im Flusslauf.

c. <u>Transport und Transportrate</u>

Der Flusstransport variiert je nach gegebenen Umständen im Fluss und Flussbett. Zu den für die Erosion ausschlaggebenden Faktoren Wassertiefe und Sohlgefälle kommt beim Transport noch der Abfluss als entscheidende Größe hinzu. Die Frachtmenge die ein Fluss in einer bestimmten Zeit transportiert wird als **Transportrate** bezeichnet, und wird als Gewicht bzw. Volumen pro Zeiteinheit angegeben. Da bei Hochwasser mehr Fracht transportiert wird und der Abfluss steigt, wird der Zusammenhang von Abfluss und Transportrate klar. Wie sich die Transportraten der verschiedenen Frachten verhalten hängt stark von der Klimaregion und der aktuellen Jahreszeit ab.

Die **Transportrate der Lösungsfracht** wird durch die Art und Weise wie die Fracht entstanden ist bestimmt. Es ist wichtig ob der Fluss nur durch Grundwasser gespeist wird (bei Trockenheit), ob bei einem Hochwasseranstieg und -maximum alle Abflüsse auftreten oder ob beim Hochwasserabfall nur noch Interflow und Grundwasser dem Fluss Lösungsfracht zugibt. Das Grundwasser liefert nur dann einen großen Teil an Lösungsfracht wenn das ans

Grundwasser anstehende Gestein gut löslich ist, und das Grundwasser selbst dem Fluss die chemischen Substanzen zuführen kann. In erster Linie ist der Hangwasserabfluss für die Lösungsfracht verantwortlich, da er in den Gesteinsschichten durch chemische Verwitterung am meisten Salze bilden kann, da er auch mit verschiedenen Gesteinsarten in Kontakt kommt. Der Oberflächenabfluss spielt nur in ariden Klimaten eine Rolle. Wenn durch starke Sonneneinstrahlung Wasser durch die Kapillarwirkung an die Bodenoberfläche steigt setzten sich dort Salze ab. Bei einem folgenden Niederschlag werden diese erodiert und gelangen mit dem Direktabfluss ins Gewässer.

Die Schwebfracht wird dem Fluss hauptsächlich durch Oberflächenabfluss zugeführt, die **Transportrate der Schwebfracht** ist also eng mit der Dauer und der Intensität des aktuellen Hochwasserereignisses verbunden, sowie mit dem Angebot transportfähigen Lockermaterials am Hang. Die in verschiedenen Regionen unterschiedlich ausgeprägte Vegetation ist ebenfalls ausschlaggebend. Niedrige flächenhafte Vegetation behindert den Abfluss und verlangsamt damit die Fließgeschwindigkeit. Außerdem wird durch den engen Bewuchs und durch das Wurzelwerk der Boden noch zusätzlich stabilisiert, so dass die Angriffsmöglichkeiten der Denudation stark begrenzt sind. Vereinzelt stehende Pflanzen dagegen begünstigen den Abtrag von Schwebfracht. Das Wasser wird durch den Bewuchs in Bahnen geleitet, und fließt so linear den Hang hinab. Die Abtragung gleicht dabei eher der Tiefenerosion als der Denudation, wodurch auch kleinere Rillen und Runsen entstehen können. Die Schwebfrachtzufuhr in den Fluss ist in diesem Fall am wirkungsvollsten. Wenn man das Maximum der Schwebfrachtrate in eine Abflussganglinie einträgt gelangt ungefähr an den Punkt des Hochwassermaximums, eher sogar noch ein wenig davor.

Die Bestimmung der **Transportrate der Geröllfracht** ist nicht unter Berücksichtigung aller Korngrößen möglich. Das Spektrum der zu den Geröllfrachten gezählten Korngrößen ist zu groß. Wo die schweren Gerölle bereits abgelagert werden befinden sich kleinere noch im Transport. Die Bereitstellung der Fracht wird auch nicht durch den Abfluss geliefert, sondern durch physikalische Prozesse die Faktoren wie z. B. Wiederstandsfähigkeit des Gesteins beinhalten. JODSAN und RITTER haben die Gerölltransportrate auf 10% der Transportrate der Schwebstofffracht geschätzt, ein empirischer Beweis ist nicht gegeben.

3. Formen der fluvialen Erosion und Akkumulation

a. Rippeln, Dünen und Antidünen

Beim turbulenten Fließen variiert die Fließgeschwindigkeit an der Gewässersohle. Das Material im Flussbett verhält sich dadurch ebenso, und bildet kleine Vertiefungen und Hebungen aus. Die Fließgeschwindigkeit des Flusses an der Sohle verändert sich gemäß den ausgebildeten Formen, also schneller bei den Hebungen und langsamer bei den Eintiefungen. Dadurch bilden sich diese Kleinformen noch weiter aus, und werden je nach Bildungsart unterschieden. (vgl. Abb. 3.1)

Die **Rippeln** entstehen bei ruhig strömendem Fließen. Ihre Form kann man als quer zur Strömung stehende Rücken beschreiben. Sie haben flussabwärts gerichtet eine steile und entgegen dem Strom gerichtet eine abgeflachte Seite.

Liegt die Fließgeschwindigkeit im Bereich des schnellen strömenden Fließens bilden sich in etwas größeren Tiefen die **Dünen**. Diese Formen sind in Form und Lage ähnlich den Rippeln, aber wesentlich größer. An der Oberseite der Dünen können sich auch noch einmal Rippeln bilden.

Im Bereich stehender Wellen, also bei Geschwindigkeiten des schießenden Fließens bilden sich **Antidünen** am Gewässergrund. Im Gegensatz zu den Rippeln und Dünen ist ihre steile

Seite flussaufwärts gerichtet. Die Antidünen an der Sohle und die stehenden Wellen an der
Wasseroberfläche sind in Phase.
Diese Kleinformen könne sich in jedem Material bilden, sind aber typisch für einen
Sandgrund, da bei größeren Geröllen die Formen nicht erkennbar sind, und sich im Sand die
Formen auch schon bei geringeren Fließgeschwindigkeiten bilden.

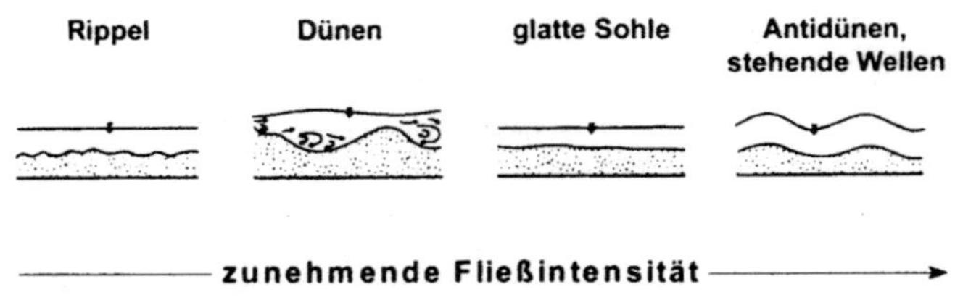

(Abb. 3.1 – Kleinformen auf sandiger Flussbettsohle – Knighton (1998); S. 105)

  b. <u>Pools und Riffles</u>

Typisch für grobkörniges Material wie Schotter oder Kies sind größere Formen die, aber nach
dem selben Prinzip gebildet werden wie die Kleinformen, nämlich durch einen lokalen
Wechsel der Fließgeschwindigkeit. (vgl. Abb. 3.2) Die durchschnittliche Geschwindigkeit
muss wegen der größeren Körnung auch größer sein. Dabei wird in den Bereichen des
schießenden Fließens Material vom Boden erodiert , und in den Bereichen des strömenden
Fließens wieder abgelagert. Dort wo abgetragen wurde entsteht eine tiefe Mulde, genannt
Pool. Durch die Eintiefung verliert der Fluss an dieser Stelle an Geschwindigkeit und kann
irgendwann nicht mehr weiter Material erodieren, die Strömung in einem Pool ist dann nur
noch sehr gering. An den Stellen wo das Material abgelagert wurde kommt es nun durch die
Stufe die durch das Geröll entstanden ist zu schießendem fließen. Dieser Bereich wird **Riffle**
genannt. Die Abstände der Pools bzw. der Riffles betragen ca. das 5-7 Fache der
Gewässerbreite.

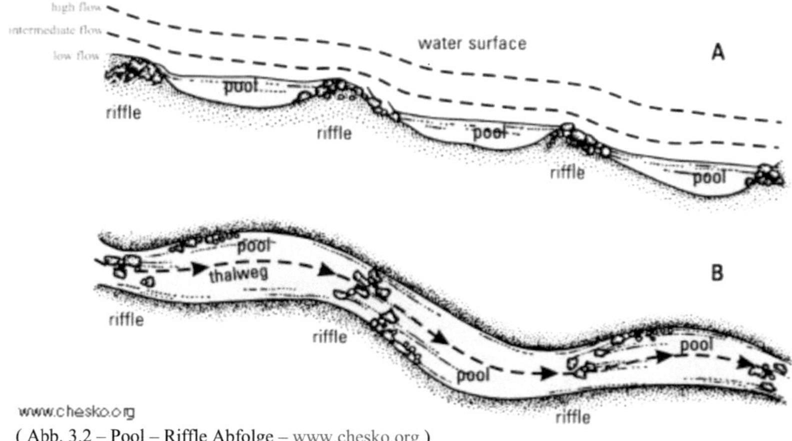

(Abb. 3.2 – Pool – Riffle Abfolge – www.chesko.org)

Bei Flüssen die großes Geröll bei der Riffle - Pool Bildung abgelagert haben kann es vorkommen dass sich große Äste oder ähnliches in den Riffles verfangen. Dadurch wächst der Riffle und das Wasser kommt irgendwann in einem Zustand fallenden Fließens über den Riffle hinweg. Diese Form nennt man dann nicht mehr Riffle sondern **Stufe**. Stufen kommen oft im alpinen Bereich vor da dort die Materialeigenschaften gegeben sind.

c.   <u>Mäander</u>

Durch die Verwirbelungen im Fluss wirkt die Erosion nicht nur am Flussbett, sondern auch an des Seitenufern des Flusses. Durch diese Seitenerosion kommt es zu Richtungsänderungen durch den Fluss, er schlängelt sich regelrecht weiter hangabwärts. (vgl. Abb. 3.3) Diese Form des Flusses bezeichnet man als **Mäander**, die einzelnen Kurven als **Mäanderbogen**. Es werden zwei Arten von Mäandern unterschieden, nämlich die **freien Mäander** und die **Talmäander**.

An der Stelle wo der Stromstrich auf den Hang auftrifft wirkt die größte Erosion. Dieser Hang wird **Prallhang** genannt, da dort die Oberflächenströmung abtaucht, erodiertes Material aufnimmt und dann vom Ufer abprallt. Wenig später taucht sie wieder auf und lagert das Material am gegenüberliegenden Ufer ab. Der Stromstrich trifft diesen Hangabschnitt nicht wirklich sondern gleitet eher daran vorbei, weswegen er auch **Gleithang** genannt wird. Die Ausweitung des Ufers am Prallhang entspricht der Ablagerung am Gleithang. Die größte Abragung findet an dem Gleithang statt der flussabwärts gerichtet ist. Dies liegt daran dass der Fluss in Schwerkraftrichtung fließt und deshalb der Fluss am steilsten Stück am meisten Geschwindigkeit aufnehmen kann.

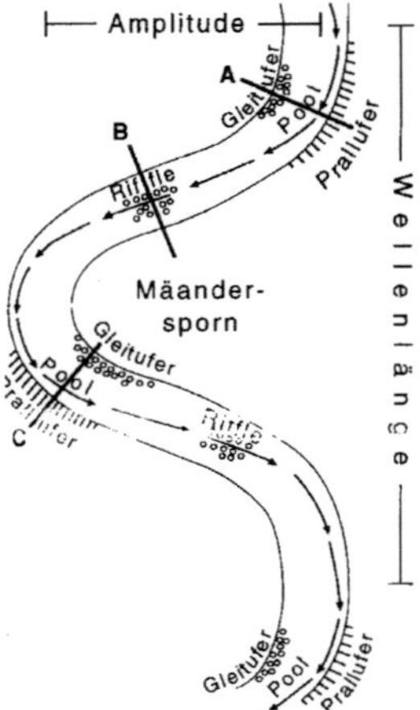

(Abb. 3.3 – Flussmäander – Ahnert (1999); S.215)

Hält die Erosion am Prallhang an kann es dazu führen, dass das Landstück zwischen zwei
gegenüberliegenden Prallhängen, der **Mäanderhals,** durchbricht, und der Fluss seinen Lauf
an dieser Stelle gerade fortsetzt. Das vom Flusslauf abgetrennte Stück nennt man
Altwasserarm. Durch die Ablagerung von Frachten an den Zugängen des Altwasserarms
werden diese verstopft. Es entstehen bogenförmige Mulden die bei Hochwasser volllaufen
und dann als **Altwasserseen** bezeichnet werden. (vgl. Abb. 3.4)

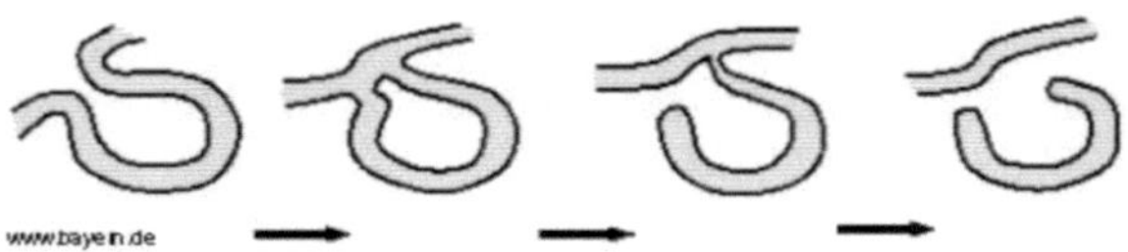

(Abb. 3.4 – Entstehung eines Altwasserarms – www.Bayern.de)

Während bei freien Mäandern das Material um den Fluss eher aus Lockermaterialien besteht,
da dort die Seitenerosion besser angreifen kann, ist bei den Talmäandern ,welche bei felsigem
Grund entstehen die Tiefenerosion ausschlaggebend. Der Fluss schneidet sich in den Fels und
bildet ebenfalls Mäanderbögen. Dies kann durch unterschiedliche Gesteinshärten ausgelöst
werden. Wo der Fluss von einem abtragungsresistenteren abgeleitet wird beginnt er zu
mäandrieren und bildet ebenfalls einen Prall –und einen Gleithang aus. Die Seitenerosion ist
dabei wesentlich geringer, aber vorhanden. Das Gestein in dem der Fluss fließt wird dabei
unterschnitten, und das überhängende Material kann abstürzen. Dadurch entstehen oft bei
Talmäandern sehr hohe und steile Prallhänge. Das erodierte Material wird wie bei den freien
Mäandern an einem Gleithang abgelagert. Der Name Talmäander rührt daher weil die
Mäanderform nach einem eventuellen Austrocknen des Flusses immer noch erhalten ist, weil
das Tal sozusagen selbst mäandriert.

d. <u>Täler und Flussterrassen</u>

Wie schon bei den Talmändern ist bei der Bildung von Tälern die fluviale Tiefenerosion
entscheidend. Ein **Tal** ist eine langgestreckte Hohlform, entweder in Gebirgen von
Berghängen abgetrennt, oder als Absenkung in einer Ebene. Täler besitzen charakteristische
Querprofil. An dem Querprofil eines Tales kann man ableiten durch welche Prozesse es
entstanden ist. Ausschlaggebend für die Gestalt eines Tals sind die Gesteinsarten die in dem
Gebiet vorherrschen, wie sie gelagert sind und in welchem Klimaraum das Tal entsteht. Auch
Prozesse die nach der Talbildung einsetzen, wie z.B. Gletscher, Denudation oder
Terrassenbildung können das Querprofil stark beeinflussen.
Ein Tal wird durch seine **Talhänge** begrenzt. Der Bereich zwischen den Fußenden der beiden
Talhänge ist die **Talsohle**. In die Talsohle eingetieft liegt der **Talboden** oder **Talgrund**. Dies
ist der Bereich wo das Gewässer fließt. Ist das Tal im Gebirge in Nachbarschaft mit anderen
Tälern ist der Talhang durch die Wasserscheide zwischen den beiden Tälern begrenzt. Bei
einem in eine Ebene eingelassenen Tal wird der Knick am Übergang zwischen Talhang und
Ebene als **Talkante** oder **Talrand** bezeichnet. Wird das Tal regelmäßig überschwemmt bildet
sich meist als Saum am Fluss entlang eine **Talaue**. Diese tieft die Talsohle ein wenig ein und
bildet so zur Sohle eine Stufe. In solchen Gebieten wird die Sohle dann auch als
Niederterrasse bezeichnet.
Talformen gibt es viele, die alle an verschiednen Bildungsprozesse und bestimmte
Vorraussetzungen gebunden sind. Bei der Talbildung ist der Fluss der Hauptfaktor, auf die
Formbildung des Tals haben auch denudative Prozesse am Hang Einfluss.
Die **Klamm** ist eine Form bei der die Hangprozesse noch keinerlei Rolle spielen. Eine
enorme Tiefenerosion auf sehr hartem und standfestem Gestein bilden steile, teils sogar
überhängende Wände. Hangprozesse haben hier keinerlei Möglichkeit anzugreifen.
Schrägt man die Hänge der Klamm ein wenig ab bekommt man das Querprofil einer
Schlucht. Die etwas offenere Form entsteht durch abtragungsfähigeres Material bei ebenfalls
starker Tiefenerosion. Denudation ist auch hier noch kein wesentlicher Faktor.
Erst beim **Kerbtal** kommt langsam Denudation zum Tragen. Die Hänge sind durch
Rutschungen gerade und ragen an beiden Seiten des Flusses direkt nach oben. Das heißt die
Talsohle und das Flussbett sind identisch. Eine Sonderform des Kerbtals ist der **Canon**. Das
stufige Querprofil entsteht durch horizontale Gesteinsschichten die unterschiedlich
abtragungsresistent sind. Die harten Schichten werden zu Steilhängen und kleinen Ebenen,
die weicheren Gesteine bilden geneigte Abschnitte die den Formen von Schichtstufen ähneln.
Das **Sohlenkerbtal** hat die selbe gerade Hangform wie das Kerbtal. Durch stärkere
Hangabtragung wird das Gewässer mit mehr Frachtmaterial beliefert. Ist die Menge des
Abtrags so hoch dass der Fluss nicht mehr in der Lage ist alles davon abzutransportieren so
lagern sich das Material mit der Zeit ab und bildet im Tal eine Fels oder Schottersohle aus in
der sich der Fluss fortbewegt.
Wirkt bei der Talbildung eine starke Seitenerosion direkt am Hangfuß kann es zu Stürzen
großer Geröllmassen kommen. Hat der Fluss dann auch noch genug Energie um das Material
abzutransportieren entsteht ein **Kastental**. Durch die Bergstürze werden die Hänge steil
gehalten wenn sie durch erhöhte Denudation wieder abgeflacht werden.
Das **Muldental** ist eine sehr flache Vertiefungen im Boden. Die nahezu fehlende
Seitenerosion und die stark dominante Hangabtragung lassen keine steilen Hänge zu. Dass
keine Seitenerosion entsteht und dass der Fluss das abgetragene Material nicht
abtransportieren kann, lässt darauf schließen, dass Muldentäler vor allem in Gebieten
vorkommen, wo die Fließgeschwindigkeiten des Flusses sehr niedrig sind.
Eine weitere Form bei der die Tiefenerosion im Gesamtprozess sehr wichtig ist, ist die
Flussterrasse. Flussterrassen bilden sich aus bereits bestehenden Tälern indem der Talboden
an bestimmten Stellen weiter eingetieft wird und an anderen nicht. Die Reste des Talbodens
bilden die Terrasse. Man kann je nach Untergrund zwei Terrassenarten unterscheiden, die

Felssohlenterrasse und die **Aufschüttungsterrasse**. Trotz dieser Unterscheidung bezieht sich der Begriff Terrasse ausschließlich auf die Form, nicht aber auf das Material aus dem sie entstanden ist.

Bei der Bildung von **Felssohlenterrassen** hat sich zunächst Tal gebildet, dessen Boden dann später durch starke Seitenerosion abgeflacht wurde. Die dadurch entstandene Talsohle wird nun wieder vom Fluss eingetieft, jedoch nicht auf der gesamten Fläche sondern nur in einem engeren Bereich. Der nicht mehr vom Fluss betroffene Teil der Sohle bleibt also so erhalten und bildet eine Terrasse. Man kann den Prozess 3 phasig mit *Tiefenerosion – Seitenerosion – Tiefenerosion* beschreiben. (vgl. Abb. 3.5 A)

Aufschüttungsterrassen entstehen wenn der Fluss nach der Talbildung über einen Zeitraum weniger des anfallenden Materials abtransportieren kann. Die Gerölle sammeln sich am Boden und schütten das Tal so teilweise zu. Kann der Fluss sich einen Weg durch das Lockermaterial bahnen entsteht wieder ein neuer Flusslauf im Geröll. Die übrigen Teile der Talsohle bilden nun die Terrasse aus. Die 3 phasige Beschreibung würde hier *Tiefenerosion – Aufschüttung – Tiefenerosion + Seitenerosion* entsprechen. (vgl. Abb. 3.5 B)

Diese Vorgänge können sich im Tal beliebig oft abspielen weshalb auch durchaus mehrere Terrassen aufeinander und nebeneinander entstehen können.

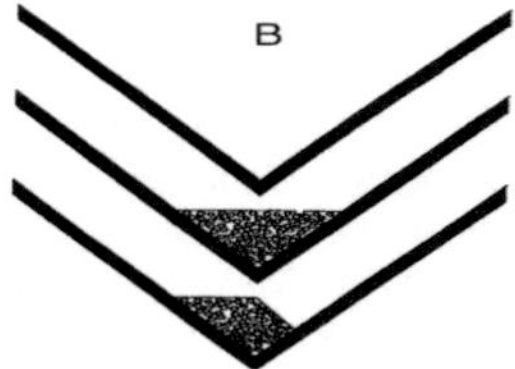

(Abb. 3.5 – A: Felssohlenterrasse / B: Aufschüttungsterrasse – Ahnert (1999); S. 234)

e. <u>Schwemmkegel und Deltas</u>

Die Frachten im Fluss werden früher oder später abgelagert, und zwar dann wenn der Fluss nicht mehr in der Lage ist sie zu transportieren. Dies geschieht vor allem wenn die Hangneigung stark nachlässt, weil er dadurch an Geschwindigkeit verliert. Dies ist vor allem in den Endbereichen des Flusses der Fall wodurch typische **Akkumulationsformen** entstehen.

Bei einem **Schwemmkegel** tritt der Bach aus einem Tal aus und fließt in ein größeres Haupttal. Kommt er in flachere Bereiche lässt er die größten Teile seiner Fracht liegen und behindert sich dadurch selbst im Abfluss. Er muss seine Bahn immer wieder ändern um die Hindernisse zu umgehen. Dabei wird die Fracht fast gleichmäßig am Hangfuß verteilt, so dass sich ein Kegel bildet. Abgesehen davon, dass der Fluss grundsätzlich eine hohe Materialführung benötigt um einen Schwemmkegel auszubilden ist es enorm wichtig, dass in dem Haupttal keine zu hohe fluviale Aktivität herrscht. In dem Fall kann sich kein Kegel bilden, da das Material sofort von dem Gewässer mitgenommen wird. Handelt es sich um Fracht feinerer Körnung wird sie weiter ins Tal mitgeführt. Der Kegel ist dünnschichtiger aber auch großflächiger. Er wird in diesem Fall **Schwemmfächer** genannt. In den Bereichen vor Flussmündungen entstehen durch den selben Effekt **Schwemmlandebenen**. Der Fluss lagert großflächig Schwebfracht ab und überdeckt den gesamten Bereich um den Fluss mit Sedimenten.

In den Bereichen der Schwemmlandebenen zweigt sich der Fluss auf, da er sich Wege durch das abgelagerte Material suchen muss, die er mit der geringen Geschwindigkeit noch bewältigen kann. Es kommt zu einer Aufspaltung in viele kleinere Flussläufe, zum

sogenannten **Delta**. Ein Delta mündet an vielen kleinen **Mündungsarmen** in das stehende
Gewässer. An den Mündungen wird fast die komplette Fracht abgelagert, bis auf die ganz
feinen Körnungen wie Ton oder Schluff. Die Fracht trägt zur Neulandbildung an der
Deltamündung bei. Beim Einfließen in das stehende Gewässer wird die Fracht der Korngröße
nach abgelagert, also erst die größeren und dann die immer feineren. Dadurch wird die
Landfläche an der Mündung ins Gewässer hinein verlängert, und zwar in einer schrägen
Schichtung von grob nach fein. (vgl. Abb. 3.6)

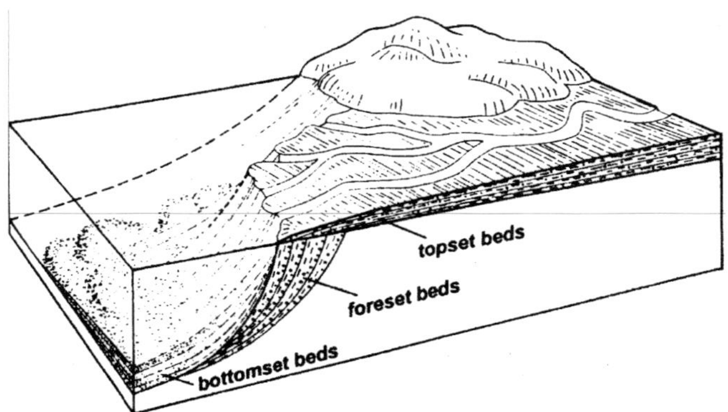

(Abb. 3.6 – Flussdelta mit abgelagertem Neuland – Zepp (2002); S. 154)

III.   Mathematische Formeln zur Berechnung der hydrologischen Grundlagen

Die für die Entstehung eines Flusssystems wichtigsten Faktoren wie der Abfluss oder der
Fließzustand des Wassers wurden über lange Zeit empirisch untersucht. Daraus ergaben sich
dann Zusammenhänge die von diversen Geographen in mathematischen Formeln ausgedrückt
wurden.
Der **Abfluss** kann auf zwei Arten angegeben werden. Bei der Formel **A = N - V** (A = Abfluss;
N = Niederschlag; V = Verdunstung) wird der Abfluss, sowie alle anderen Größen auch, in
Millimeter gemessen, und zwar über ein hydrologisches Jahr (Nov. – Okt.) in einem
bestimmten Einzugsgebiet. Diese Formel ist gleichzeitig die vereinfachte
Wasserhaushaltsgleichung. Sie gibt an wie sich das Wasser auf der Erde unter welchen
Bedingungen wie verhält.
Will man den Abfluss für einen kurzen Zeitraum messen greift man auf die Formel **Q = v *A**
zurück. (Q = Abfluss $[m^3/s]$; v = Fließgeschwindigkeit [m/s] ; A = Fließquerschnitt $[m^2]$)
Dieser Ausdruck beschreibt den Abfluss als Wassermenge die in einer best Zeit einen
bestimmten Querschnitt durchfließt.
Der Fließquerschnitt beim Abfluss liefert eine wichtige Größe die zur Bestimmung der
Fließgeschwindigkeit von großer Bedeutung ist. Gemeint ist der **hydraulische Radius** der mit
R = A / 2 * T + B (R = hydr. Radius [m]; A = Querschnitt $[m^2]$; T = Tiefe [m]; B = Breite
[m]) beschrieben wird. Mit ihm kann man ausdrücken wie viel Wasser des Flusses Kontakt
mit dem Flussbett hat, was für die Reibung und damit für die Fließgeschwindigkeit von
großer Wichtigkeit ist. Die Aussagen der Formel sind allerdings ungenau da sie nur für
rechteckige Gewässer, also für künstliche Kanäle geeignet sind. In breiten natürlichen
Gewässern entspricht R ungefähr der Gewässertiefe.

Die **mittlere Fließgeschwindigkeit** kann entweder nach **Manning - Strickler** oder nach **Darcy – Weisbach** angegeben werden. Manning – Strickler mit $v = k_{Str} * R^{2/3} * S^{1/2}$ (S = Sohlgefälle) nehmen zu R und S auch noch den sogenannten **Geschwindigkeitbeiwert nach Strickler** (k_{Str} [$m^{1/3}$ / s]) in die Formel auf. Dieser ist von den verschiedenen Materialien am Flussbett abhängig. Bei Darcy - Weisbach gehen neben dem hydraulischen Radius und dem Gefälle auch noch die **Schwerebeschleunigung** der Erde ($g = 9,81$ m/s^2) mit in die Formel ein. Statt dem Strickler - Beiwert kommt hier ein dimensionsloser Wiederstandsbeiwert (λ [-]) zum tragen. Die Formel lautet dann $v = \sqrt{1/\lambda * 8 * g * R * S}$. Über den Wiederstandsbeiwert kann man die Rauhigkeit des Fließuntergrunds genauer bestimmen.

Für die Ausbildung fluvialer Formen sind die Fließzustände die das Wasser erreicht enorm wichtig. Um nun bestimmen zu können in welchem Zustand sich das Wasser befindet kann man diverse Gleichungen zur Hand nehmen. Die **Reynolds – Zahl** beschreibt den Übergang von laminarem fließen zu turbulentem Fließen. $R_e = v * R / \gamma$ (R = Reynoldszahl; γ = Viskosität des Wasser [m^2/ s] - temperaturabhängig) ist dimensionslos. Der Übergang der Fließarten erfolg bei einer Reynoldszahl von ca. 500, d.h. bei R < 500 fließt das Gewässer laminar, bei R > 500 turbulent. Ein Wert von unter 500 wird in der Natur annähernd nie erreicht.

Der Übergang von strömendem zu schießendem Fließen geht mit der Ausbildung von stehenden Wellen einher. Bei der Berechnung der **Froude – Zahl**, die für diese Berechnung bestimmt ist, geht deshalb die **Ausbreitungsgeschwindigkeit einer Oberflächenwelle** (v_c [m/s]) mit in die Formel ein. Sie lautet $F_R = v / v_c$. Diese für natürliche Gewässer geltende Formel unterscheidet sich von der Formel für rechteckige Fließquerschnitte die in Kanälen oder im Labor angewendet werden kann nämlich $F_R = v / \sqrt{g * T}$. Das Ergebnis ist aber bei beiden Formeln gleich. Liegt die Froude – Zahl unter dem Wert 1 handelt es sich um strömendes fließen da sich dann keine stehenden Wellen bilden können. Übersteigt sie allerdings den Wert 1 spricht man von schießendem Fließen im Gewässer.

Literaturliste

ZEPP, H. (2002): Einführung in die Geomorphologie. UTB, Paderborn.

KNIGHTON, D. (1998): Fluvial Forms and Processes. A new perspective. Arnold, London.

LESER, H. (1995): Geomorphologie. *Das Geographische Seminar*. Westermann, Braunschweig.

AHNERT, F. (1999): Einführung in die Geomorphologie. Ulmer, Stuttgart.

MANGELSDORF, J. & SCHEUERMANN, K. (1980): Flussmorphologie. Oldenbourg, München.

Internetquellen

www.chesko.org

www.imkhp2.physik.uni-karlsruhe.de

http://wiseman.brandonu.ca

www.bayern.de

www.ggt.de

www.uwsp.edu

www.regiosurf.net